もくじ

第1章 そらのいきもの

モズ 4 | コゲラ 6 | ジョウビタキ 8 | カワセミ 10 |
メンフクロウ 12 | ワシミミズク 14 | カカポ 16 |
オオバン 18 | シギ 22 |
COLUMN1 どこまでも飛べ！そらのいきもの　24

第2章 みずのいきもの

マダコ 26 | ニホンウナギ 28 | ベニクラゲ 30 |
アオミノウミウシ 32 | カモノハシ 34 |
コウテイペンギン 36 | ホッキョクグマ 37 | ラブカ 42 |
メガマウス 44 | アカマンボウ 46 |
ニシオンデンザメ 48 | ダイオウイカ 50 |
ダイオウグソクムシ 52 | ピグミーシーホース 54 |
ゾンビワーム 56 | メンダコ 60 | タカアシガニ 62 |
COLUMN2 ディープな世界！みずのいきもの　64

第3章 身近ないきもの

ニワトリ 66 | ドバト 68 | シチメンチョウ 70 |
シジュウカラ 72 | メジロ 74 | エナガ 75 | カモ 76 |
コウモリ 80 | ヤモリ 82 | アライグマ 84 |
COLUMN3 ばったり遭遇！身近ないきもの　86

第4章 こわい（？）いきもの

オオカミ 88 | ヒグマ 90 | ゴリラ 92 | ホホジロザメ 94 |
ウツボ 96 | コモドオオトカゲ 98 | ハシビロコウ 100 |
ハダカデバネズミ 102 |
COLUMN4 おそろし、いとおし？こわい（？）いきもの　104

第5章 キュートないきもの

ナマケモノ 106 | マヌルネコ 108 | イリナキウサギ 110 |
レッサーパンダ 112 | タテガミオオカミ 114 | ロバ 118 |

第6章 ふしぎなむし

キイロスズメバチ 122 | ハエトリグモ 124 |
エメラルドゴキブリバチ 126 | ヒアリ 128 |
クマムシ 130 |

あとがき 132　参考資料 133

第 1 章

そらの いきもの

ハヤニエ・オブ・モズ

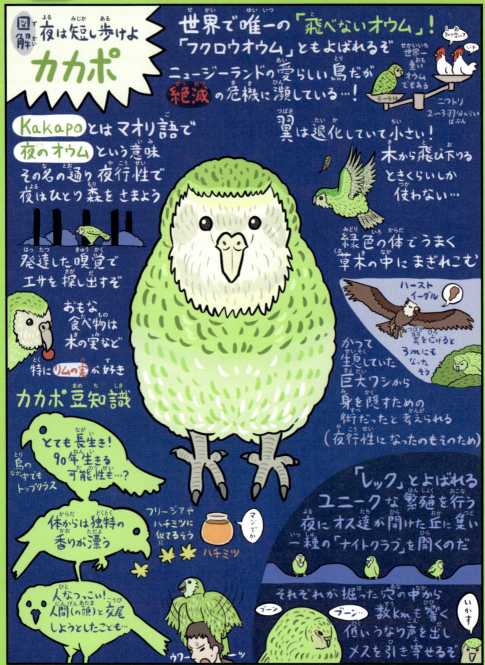

愛と哀しみのカカポ

今や世界一珍しい鳥の一種となったカカポだが その昔はニュージーランドに沢山いたと考えられている… その数は100万羽とも！

木からカカポがリンゴのようにおちてくるといわれたほど ニュートン

カカポも昔は飛べたが ニュージーランドには天敵となる肉食動物がほとんどいなかった…

そんな閉ざされた楽園でカカポは飛行能力を失い 体もどんどん丸々と太り「世界一無防備な鳥」として進化(?)をとげることとなる… その先に待つ悲劇を知るよしもなく…

そう…先住民やヨーロッパ移民が持ちこんだネコ、犬、イタチなどの哺乳類にとって カカポは絶好のエモノだったのだ！

「天敵」という概念をもたない上に 危機に陥るとフリーズするいきものが捕食者に太刀打ちできるハズがない…

さらにネズミに卵を喰い尽くされ カカポは完全に絶滅しかけてしまう…

狩りログ 🔍 鳥 おいしい

カカポ ★★★★★ 4.6
ニュージーランド／鳥

ねこ：味もボリュームも最高の一言 動きも遅くて狩りもラクチン ★★★★★

いぬ：味にうるさい小生も大満足！コスパもよく文句なしの星5つ ★★★★★

いたち：ハチミツみたいなイイにおいがして見つけやすかったです！ ★★★★★

しかしほんのわずかに生き残ったカカポを保護し 再び個体数を増やそうとする必死の試みが始まった…！
カカポを別の島に移住させるも 天敵のオコジョが海をわたって追いかけてきて全滅！

…といった悲惨な失敗をくりかえしつつも 現在カカポの数は244羽まで回復！(2024年時点)
この愛らしく奇妙な鳥が(ドードーのように)地球から消え失せないことを願うばかりだ…

カカポの冒険

たのむで

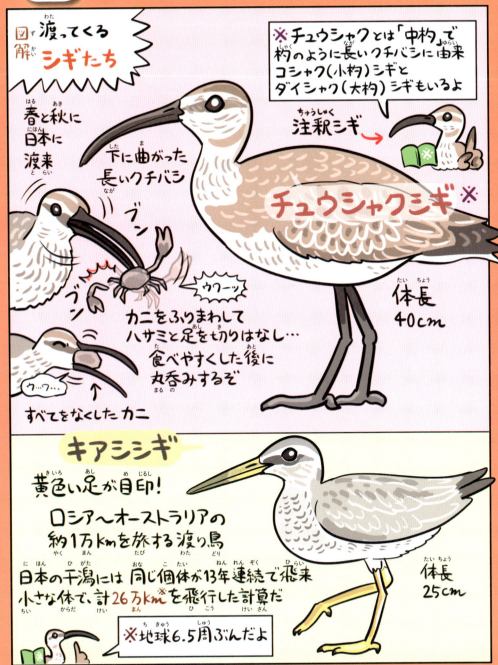

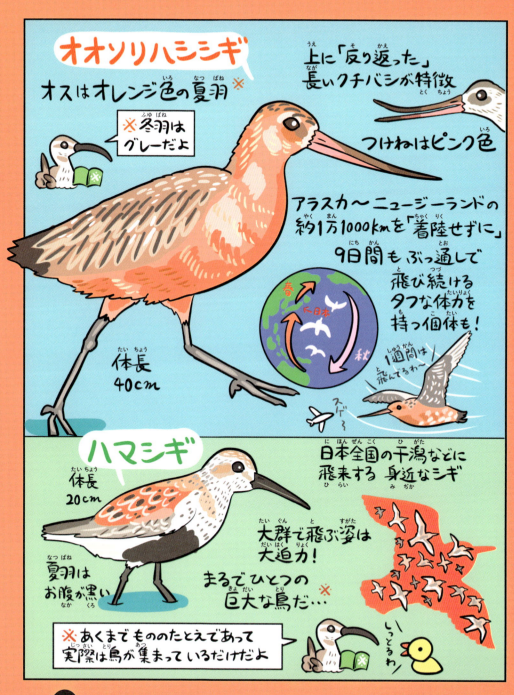

どこまでも飛べ！そらのいきもの

「鳥の中の鳥」の異名にふさわしい、身近な鳥の代表格・スズメだが･･･ 気候変動による生息地の減少や環境の変化によって、なんと「絶滅危惧種」に匹敵するペースで減少していると最新研究で判明した。身近な鳥こそ、注意深く見守らねばならない。いつまでも、いると思うな、親、スズメ･･･。

南の果ての島で暮らすカラカラ。れっきとした猛禽類なのだが、孤独とルーティンを愛するハヤブサとは大違い。好奇心をもち、退屈が嫌いで、リスキーな振る舞いやイタズラ、「遊び」のような行動も目立つ。どこか私たち人間にも似た、ふしぎな猛禽類なのだ。

異なる種の鳥たちが「渡り」の間、永続的な「社会的ネットワーク」を築いていることが明らかになった。鳥たちは種の壁を超え、互いに協力するのだ。しかし･･･！ なぜか、研究対象の全50種のうち、ルビーキクイタダキとハゴロモムシクイだけが互いを避けているように見えたという。鳥にしかわからない愛憎が、そこにあるのかもしれない。

第 2 章

みずの
いきもの

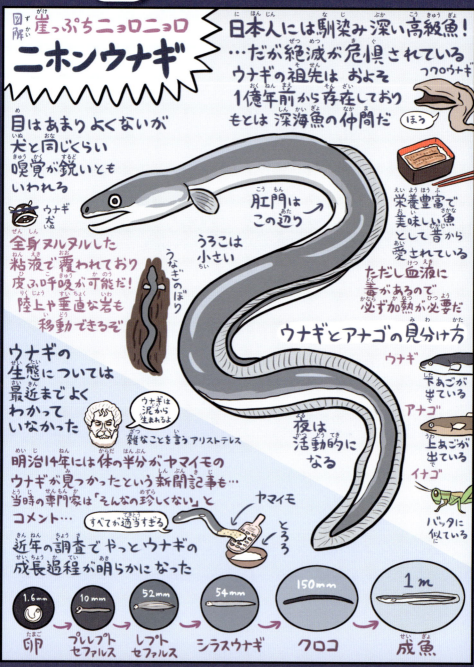

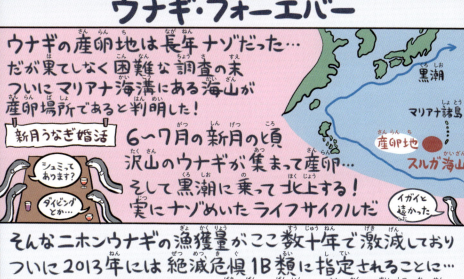

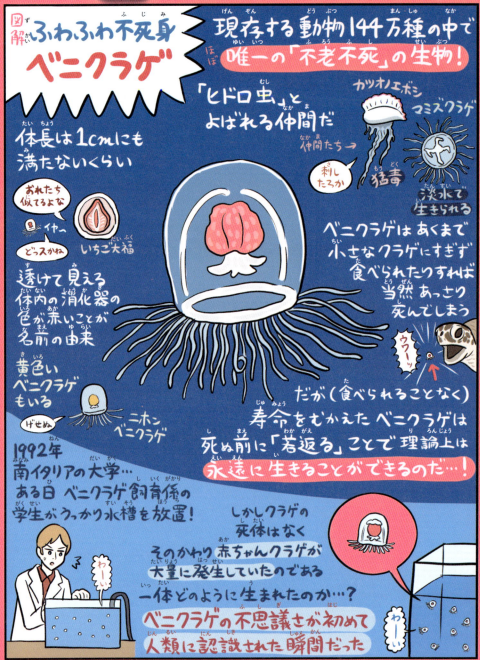

2 みずのいきもの

過酷!! コウテイペンギン

START
コウテイペンギンたちは3〜4月になると海をはなれ まるで示し合わせたように遠い内陸にある繁殖地をめざす—

ときに150kmにもなる厳しい道のりだ

力尽きて死ぬ

雪を食べて水分を得る

凍死 or 餓死

おめでとう！ヒナが生まれた！

ようやく繁殖地に到着！求愛してカップル成立

南極の気温はマイナス60℃…

体をよせあってブリザードをしのげ！

卵は凍りついてしまった

おめでとう！卵が生まれた ひとつしか生まれない大切な卵だ

出産後、メスは海へエサをとりにいく… 「フラフラ」「たっしゃで」

卵を温めるのはオスの仕事！ おなかに卵を抱くためのスペースがあるぞ 巣はないので氷の上にずっと立ちっぱなし

2 みずのいきもの

シビア!! ホッキョクグマ

START
妊娠した母グマは秋ごろ脂肪をたくわえて巣穴へ
なるべくじっとして体力を温存する…

赤いコマはゲームオーバー

巣穴で出産
ふつうは2匹

ホッキョクグマの新生児はクマの中でも特に小さい
体重はわずか約0.7kg

母グマは半年間も絶食をしたことに…

オス同士のケンカ!

ケンカにまきこまれ死亡
気が立っているオスのクマは子グマを殺してしまうことも…

大きいエモノはみんなで分け合うこともあるよ

クジラの死骸を見つけた!他のクマたちと仲よく分けよう

初春 巣穴から出る
子グマは10〜12kgまで成長
ゲッソリ つらい

アザラシの巣穴を探し当て前足で思い切り氷を叩き割る!

ドスン ウワーッ

子グマはじめての雪あそび
コレなに しらーん つめたっ
ホッキョクグマはとても好奇心がおうせいだ

氷がわれて子グマが海に落ちた
ウワーッ
子グマはまだ能力が低く凍死してしまうことも…

母乳で子グマを育てよう
クマの乳の中で最も乳脂肪分が豊富だ!

子グマがオオカミにさらわれた
ウゥーッ

狩りの練習!
用か
だが大抵はつかまらない…

2 みずのいきもの

図解 漂う洞穴 メガマウス

魚界における20世紀最大の発見ともいわれる謎だらけの巨大深海ザメ！
その名の通り巨大な口をもっているぞ

ゲスト 深海ザメ仲間 ラブカくん

全長は5〜7m
体重は1.2t以上！
水深20〜1500mに生息している

仲間っていわれても…

口には小さな歯がたくさん並んでいる

6〜7mmくらい

歯の化石はとても珍しいが近年日本でも発見されたぞ
(1千万〜300万年前のもの)

ぶよぶよとやわらかい巨体でゆっくり泳ぐ

尾ビレはとても長い

注意 まちがえやすいいきもの

メカマウス
悪の組織が作った暗殺用改造メカネズミ
レーザー光線で侵入者を抹殺する

オメガマウス
戦闘力を極限まで高められた元・実験用マウス
自分を生み出した組織への復讐のため生きる

濾過食(フィルター・フィーダー)

メガマウスは海水を「濾過」してプランクトン類を食べる数少ないサメだ

エラから海水を出す
大量の海水をのみオキアミや小エビやクラゲなどを「こして」食べる

他に濾過食をするサメはジンベエザメとウバザメだけ

のみ行く？　行く

メガマウスは発見された個体がとにかく極端に少ないので生態のほとんどはまったくの謎だ

とりあえず味はおいしくないらしい

水っぽくてマズイ

ぐうなぁ

ひとの仲間を

メガマウスのからあげ

メガマウス・フィーバー

メガマウスが初めて発見されたのは
1976年 ハワイのオアフ島沖！
（まだ見つけてから50年くらいしかたっていないのだ）

1984年 カリフォルニア
メガマウス2ひきめ

それ以後も年に数回のペースで発見されているが 現在でも世界で
たった250〜300例ほどしか見つかっていない…
まさに「幻のサメ」の名にふさわしいレア度だ

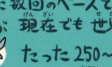

（来れにさんで海に帰還することも）

だが2017年5月には、日本でなんと連続して2匹の
メガマウスが発見された‼ (5月22日 千葉／26日 三重)

ぎょぎょッ
すぎょいですね
さかなクンさん

5/22 千葉県館山市沖
おばけんたいでやまし おき

5/26 三重県熊野灘

この短期間で2匹とは
極めて珍しいケースである
水温の上昇と関係している
可能性が高いようだ…

深海魚の出現を地震と関連づける説もあるが
科学的な根拠は今のところ特にない

リュウグウノツカイ
デマに注意！

残念ながら千葉の個体は発見後まもなく死亡してしまったが
三重のメガマウスは血液（貴重な研究材料！）を採取された後
放流されて ゆったりと海に帰っていった…

2度あるメガは
3度メガ…かも

今日もすぐ近くの海でこんな
巨大で不思議ないきものが
泳いでいるかも…という
胸の高鳴りを感じつつ
次の発見を楽しみにしたい

海に帰る…か
俺には帰る家などないかな…

まだいたの

4世紀 オンデンゲリオン

長生きで知られるニシオンデンザメだが
なんと約400年も生きた個体が発見された!
その寿命の長さは脊椎動物ではダントツの1位!
(それまでの最高記録はホッキョククジラの211歳)

眼の水晶体から寿命をはかる

くわしいホッキョククジラ
がってむ

ちなみに無脊椎動物を含む
あらゆる生物の中でも2位!
1位は507歳のアイスランドガイ →

やるね
ナイスガイ

400歳のニシオンデンザメが生まれた頃…

徳川家康死亡
(1616)

ドイツ三十年戦争
勃発 (1618)

ピルグリム・ファーザーズ
アメリカに到着 (1620)

(イメージです)
あたしニシオンデンザメ
なんでもすぐ食べちゃうの

エライ
コワイ
第二次プラハ窓外投てき事件
ウワーッ
アメリカ
メイフラワー号
イギリス
スゴイ

マイナス1℃にもなる北極の海水温に適応したのか
ニシオンデンザメの代謝は非常に遅い
1年にほんの1cm程度
果てしない時間をかけてゆっくり成長する
(500歳まで生きる可能性もあるそうだ)

気の遠くなるような長い時間を
凍てつく海で孤独に過ごすニシオンデンザメ…
その濁った目には何が映っているのだろうか…?

400年後
サムイ

…………
…………

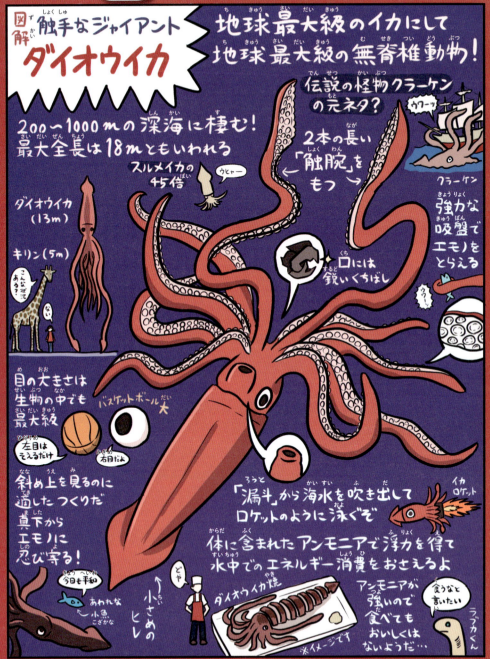

マッドマッコウ vs イカりのデス大王

深海の王・ダイオウイカにも天敵がいる
それは マッコウクジラだ！
イカ類を主食とする
マッコウクジラにとって
ダイオウイカはごちそう！
巨大生物同士の激しいバトルだ

おれ？ ダイオウグソクムシ
ちがった
まっこう勝負
フフッ
ベタに弱いラブカくん

実際に マッコウクジラの胃の中から
ダイオウイカが 見つかったり
クジラの顔に ダイオウイカの
吸盤の跡が残っていたりと
対決を示す証拠は数多い

触手を口からぶらさげていたことも
無関係のよっぱらい
スルメ

ダイオウイカに音波のビームを浴びせ
マヒさせてから 捕らえるという説もある

クジラがせめてきたぞっ

マッコウクジラとダイオウイカの戦いが
目撃されたことは まだ一度もない…
だがクジラに高性能カメラを取りつけ
その視点から海中の世界をのぞいたりと
意欲的な試みが 世界中で行われている

なんかついてるよ
なにが

巨大クジラと巨大イカの
ロマンあふれる伝説的な戦い…
その決定的瞬間がカメラに
とらえられる日も遠くないだろう…！

それはそれとして
ダイオウイカで
巨大スルメを作る
日本人
いかがなものか
やかましい
フフッ

2月14日は何の日？ ダイオウグソクムシの日

三重県にある鳥羽水族館のダイオウグソクムシ（その名も「No.1」）は なんと 5年間も何も食べていない 驚異の絶食ダイオウグソクムシ として アツい注目を集めていた…！

魚をあげても食べない

だが2014年2月14日… ついに「No.1」は 突然の死をとげ 帰らぬグソクムシとなった… 当然 だれもが「餓死か…」と思ったが 体重が入館時から全く減っていない うえに 飼育員が胃をあけてみると その中身は ナゾの液体に満たされているではないかー？

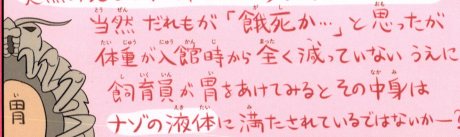

液体からは酵母のような菌類が発見された！ この菌こそが「食べずに長生き」という超体質と 深く関係している可能性もゼロではないそうだ… 万一 その力によって人類の諸問題（食糧や寿命など）が 解決されるようなことがあれば 2月14日は きっと 聖なるダイオウグソクムシの祝日となることだろう

たたえよ

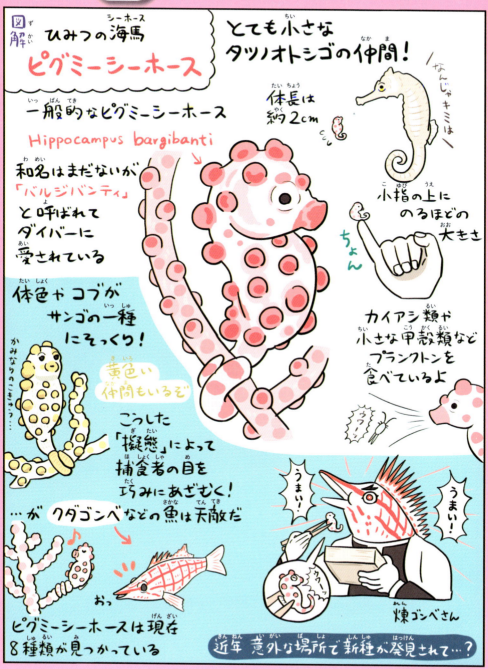

2002年 水深3000mで見つかった
コククジラの骨が、「赤い茂み」に
びっしりと覆われていた…

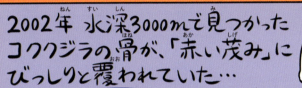

その茂みを形作る「糸」の正体こそが
新発見となる生物
ゾンビワームだった！

ゾンビワームが暮らす
深海では、
数千m上から
雪のように落ちてくる
有機物の残りカス
「マリンスノー
（海の雪）」
が主な栄養源だ。
恵まれた食生活とは
いえないが…不毛の深海に
"棚からぼたもち"のごとく
「天の恵み」が
降ってくることがある
そう、クジラの死体だ

お天気メンダコ
今日の天気は…雪！

雪のち…クジラ!?

57

ちなみにゾンビワームが食べるのはクジラだけだと考えられていたが…新発見されたゾンビワームの仲間はワニの骨も食べるとわかった さらに、1億年前（白亜紀）のプレシオサウルスの骨からもゾンビワームが開けたと思われる小さな穴が見つかったという…

ごちで〜す

太古の昔から、大きな動物の亡骸は深海の生命を支えてきた まるで深夜営業の飲食店のような海の底のオアシスは今日も「ゾンビたち」でにぎわっている

ゾンビまめちしき

ゾンビワームの（目にみえる大きさの）成体はメスだけ！

やしなってやるよ

いえ〜い

メスは数十匹のオスを管の中で「養って」精子を量産させる

オスにとってメスが「大黒柱」というわけだ

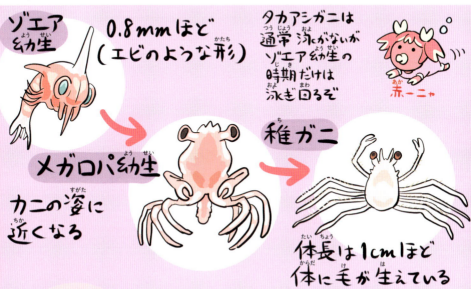
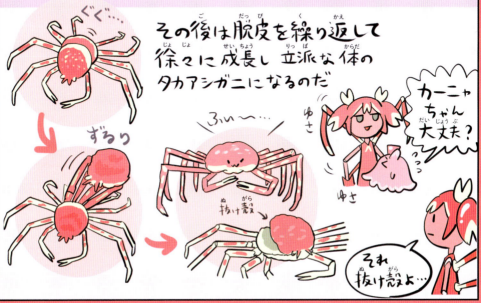

2 みずのいきもの

COLUMN ② ディープな世界！水のいきもの

ハナヒゲウツボ

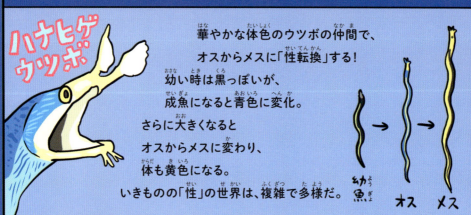

華やかな体色のウツボの仲間で、オスからメスに「性転換」する！
幼い時は黒っぽいが、成魚になると青色に変化。
さらに大きくなるとオスからメスに変わり、体も黄色になる。
いきものの「性」の世界は、複雑で多様だ。

幼魚　オス　メス

カブトガニ

カブトガニ類は、4億年以上前に海に現れた。その動きや能力は、「お掃除ロボット」を連想するという声も。
自然も人間も、似た「課題」を解決するため、似た「答え」を導いた例…？

|や〜ん！| 海底/じゅうたんに 隠れた
エサ/ホコリをかきだす 肢/刷毛
捕食/そうじのために
広い範囲に体を密着
胴体の真ん中にある吸込口 |キャッ|

テンプライソギンチャク

まるで「エビの天ぷら」のような小さなイソギンチャク！
カイメンの一種と共生することで、「テンプラ状の構造」を形作るとてもユニークなイソギンチャクだ。
（学名も"Tempuractis rinkai"！）
新種記載は2018年。今日もどこかの海で、新たないきものが見つかっているかもしれない…。

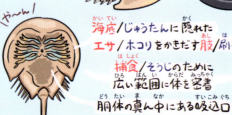

エビフライのほうがウマイもん
どうちがうの？

第 **3** 章

身近な
いきもの
(み ぢか)

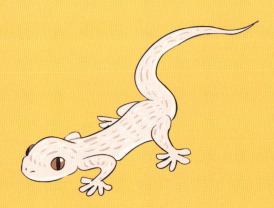

図解 ケッコーな鳥 ニワトリ

人類がお世話になってる鳥ランキング ぶっちぎりの第1位！！
日本に3億 世界に230億羽いるとされる
地球で最もメジャーな鳥！それがニワトリだ

肉は安くて美味 栄養価も高い

豚肉を抜いて世界一消費量の多い肉となった（2024年現在）

人とニワトリは8000年にもわたる長い長いつきあいがあるぞ

日) コケコッコー！
英) クックドゥドゥルドゥ！
仏) ココリコー！！
江戸) 東天紅ー！！

朝 決まった時刻に大声で鳴く習性をもつため 昔の日本ではまず「時計」の一種として普及したようだ（たぶん弥生時代）

5時です

ニワトリの「先祖」はセキショクヤケイという野鳥だと考えられている！
ナワバリ意識が強く 鋭いツメのキックはとってもデンジャラス！
昔の人がなんでまたこんなひたすら扱いづらい凶暴な鳥を飼おうと思い立ったかはいまだに謎だが とにかくここから全てが始まった…！

ころす

鳥最強 めちゃくちゃすどいツメ

1年に300コ近くのタマゴを産む！(白色レグホン)
日本全体では年間250万t！

タマゴは(肉以上に)様々な形で人間の食生活の隅々まで入りこんでいる 最も重要な食べ物のひとつだ

ブタ
えっ ニワトリの先祖って凶暴なの…こわい
おめーが言うな

イノシシ

かんしゃしろよな

ひよこ

その名も高きコロラド州の首なしニワトリ

1945年 コロラド州のある農家の人が チキンの丸焼きを作るために ニワトリの頭を切りおとした… だがなんと そのニワトリは 頭を失ったあとも ヨロヨロと 歩き続けるではないか！

WHAT THE HELL

さらに次の日になっても そのニワトリは生きていた…！ 首なしニワトリは マイクと名づけられ一躍有名になる 首の穴から直に水とエサをもらいながら （見世物にされたりしつつも） マイクは飼い主にていねいに育てられ ある日 のどをつまらせて死んでしまうまで 実に1年半もの間 生き続けるのだった…

THE HEADLESS CHICKEN MIKE

マイクが「首なし」でも生きのびた理由は 脳のある頭の後ろ半分が 実は残っていたからではないか？ …とも考えられるが 何にせよ スゴイ生命力であるのはたしかだ 生への飽くなき意志に敬意を表して 地元の町にはマイクの像が造られ 毎年「首なしニワトリ祭り」が開かれているぞ！

頭 ↑脳

コロラド州フルータの首なしニワトリマイクの像（カッコイイ）

CHICKEN FOREVER

ニワトリ祭りってきいてきたのに… ぐすい

図解 このハトを見よ ドバト

おもに都市部で大繁栄しているハト！世界に2億6千万羽いるらしいが毎年**全体の35%が死ぬ!!**

都会で生き抜くのもラクではないのだ…（おもな死因は餓死・凍死・ネコやタカ類に食べられるなど）

知能は意外なほど高いぞ！
よくエサをくれる人間を1km先から見分けられる

「エサくれるやつだ」「エサだ」「エサのうごきだ」

歩き方・服装・顔など人の特徴を細かく観察して記憶するぞ

ハトをのぞくときハトもまたこちらをのぞいているのだ──ニーチェ

「言ってない」ニーチェ

ハトには遠く離れた場所からでも自分が生まれ育った土地に「帰ってくる」能力があるぞ！

帰巣本能ともよばれる能力だ
太陽や地磁気を用いる説
ニオイに頼っている説
諸説あるがその原理はナゾだ…

ハトは「ピジョンミルク」という栄養たっぷりの液体で子育てをするよ オスもメスもミルクを出すことができる！

ノドから出す

ちなみにハトのヒナは動物のなかでもトップクラスに成長が早い！

7日でこうなる

※コウテイペンギン「うちも」

おそるべし ピジョンミルク…

ハトの帰巣本能の利用例

伝書バト
ハトに手紙をもたせ通信手段にする！戦争中に大勢の命を救い英雄となったハトも…！

ハトレース
ハトがどれくらいのスピードで鳩舎※へ帰ってこられるか競う本格的なレースだ！
※ハトのおうち

しつもんコーナー！ニーチェ先生にきいてみよう

Q ハトはなぜ首をふって歩くの？

A ニーチェ先生：知らない　知らない

首を前後にふりながら進むハト独特の歩き方…
その理由は「動く風景を目で追うため」だとされる！

人間は動くものや景色を見るとき無意識に眼球を動かしている
（デジカメでいう「ブレ」を防ぐための自動的な目の反応といえよう）

一方ハトは人間のように眼球を動かすことができないので
目ではなく首を柔軟に動かして視界を安定させるぞ

フクロウが目のかわりに顔のほうを回す理由とも似ている

このようにハトの歩行というのは実はスゴイのである
そう ニーチェ先生もこう言っているほどだ―

> ハトの歩みでやってくる思想こそが
> 世界を左右する――　ニーチェ

言ってな…／いや言ったな言った　うん言った

『ツァラトゥストラはかく語りき』第2部 第22節「最も静かな時」より

じがよめない

右足／左足／首をのばす／左足けり出す／首をちぢめる／右足けり出す

これをくりかえしながら前に進んでゆく…

秘密のシジュウカラ・センテンス

なんとシジュウカラに「文法」を扱う能力があることが近年の研究で明らかになった！
「単語」のような鳴き声を組み合わせることで「文章」を作ってコミュニケーションを行う
ヒト以外の動物にこうした「言語能力」が存在するとわかったのは画期的だ
チンパンジーなどの霊長類にさえそんな能力は見つかっていない…

「ピーツピ」「ジジジジ」といった鳴き声（単語）を組み合わせシジュウカラは意味のある「文章」を作り出す

たとえば「気をつけろ」と「集まれ」を組み合わせれば「気をつけて集まれ」となる
（人工的な音声にも反応）

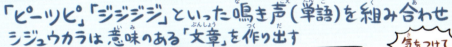

ピーツピ（気をつけろ）＋ ジジジジ（あつまれ）→ 気をつけてあつまれ
ん!? ん!? ヨッシャわかった

組み合わせには特定の「文法ルール（語順）」があり順番を入れかえてしまうとうまく意味が伝わらない…

メカシジュウカラ
 ジジジジ（あつまれ）＋ ピーツピ（気をつけろ）
なんて？ ?

全く異なる種であるヒトとシジュウカラがまるで「収斂進化」（別のルートで似た進化をとげること）のように「文法」を獲得したことは非常に興味深い…

シジュウカラの「言語」の秘密を読み解けば人間の「言葉を操る能力」が進化した過程を解き明かすことにもつながるだろう
身近ないきものはまだまだ私たちの知らない謎をたくさん隠しているのかもしれない…

むずかしゃどれが人間どれがサルシジュウカラ

BANANA

敬語がないですね

3 身近ないきもの

図解 カルガモ令嬢が伝授する「カモ見」入門

カルガモ令嬢 カモミール・カルダモン

善良なる庶民の皆さま、ごきげんよう

「花見」に匹敵する歴史と伝統をもつ全ての庶民と精神的貴族のための至高のエンタメ、それが「カモ見」…。

誇り高きカルガモ令嬢の わたくし・カモミールが、「カモ見」の魅力をノブレス・オブリージュいたしますわ

「カモ見」って何？

その名の通り、カモを見ることですわ

公園の池や川辺など身近な水辺にやってくる鴨々を心ゆくまでごらんなさいませ。
カモは人間への警戒心が薄い鳥で、野鳥観察入門にもぴったりですのよ。

肉眼でも見えますが双眼鏡があればさらに楽しめますわ

「カモ見」にシーズンとかあるの？

日本では晩秋〜冬がベストシーズンですわ

カモバック！
カモング・スーン

日本のカモの多くは「冬鳥」ですの。
（カルガモは例外的に、一年中いる「留鳥」ですが…）
多種多様なカモたちが、寒くなると海を越えて北方から「渡り」をして日本で冬を越しますのよ。
カモは冬の訪れを告げる風物詩なのですわ。

ウィンター イズ カモニング

ホシハジロ

星屑の羽と真紅の瞳…
ロマンチックですわね

← レンガ色の頭

背中の細かい縞もようが
星屑を思わせて
羽が白いことから
「星羽白」と
名付けられた

メスは目の後ろに白い線

コガモ

なんかちいさくてかわいいカモ…
略して「ちいカモ」ですわね

身近で見られるカモとしては最小
ハトより少し大きいくらい

ポー

レンガ色の頭
目の周りが緑

きれいな緑色の
「翼鏡」にも注目ですわ

というわけで「かもセブン」を紹介してきましたが…
他にも沢山のカモたちが日本にわたってきますのよ。

ホオジロがも
オカヨシガモ
ミコアイサ
ヨシガモ
アメリカヒドリ

鴨々の壮大な饗宴は
まだ始まったばかり…

誰でもウェルカモな「カモ見」の世界が
いつでもあなたをお待ちしていますわ

そしてヤツらは空へ飛び立つ

コウモリはどのように「飛行能力」を獲得したのだろう…?

隕石IN　翼竜OUT　鳥類DOWN　コウモリGO!

中生代が終わって翼竜が絶滅し鳥類も勢力を失いつつあった時代にコウモリは空に進出したと言われるが翼を獲得した道のりには謎が多い…

だが原初コウモリ「オニコニクテリス」の化石が発見されたことでコウモリの進化の謎に迫る大きなヒントが得られた!

化石から推定されること

・コウモリの祖先は樹上性の哺乳類
・最初は滑空と羽ばたきを繰り返しながら飛んでいた
・飛行能力→エコーロケーションの順番で獲得
(オニコニクテリスは骨格の構造的にエコーロケーションができないため)

「飛行」と「エコーロケーション」という画期的なスキルを2つもゲットしたコウモリは爆発的な躍進を遂げる!
昆虫の増加が同時期に起こったこともあり競争相手の少ない時代の夜空はコウモリにとってよりどりみどりのバイキング状態だっただろう

コウモリは(種数でいえば)実に哺乳類全体の「5分の1」を占めるほど多様な種となり地上での大繁栄を果たすこととなった…!

ヤモリのスゴイ足の裏

Q ヤモリの足の裏には吸盤も粘液もない…なのになぜカベや天井を歩けるのか？

A ファンデルワールス力という原子の間にはたらく電気の力を使っている！

 指

 せん毛 Seta

 スパチュラ spatula

ヘラのような形をした極小の毛

「スパチュラ」がカベや天井の原子と引き合うことでヤモリは縦横無尽に歩きまわれるぞ！
1本1本の吸着力はとても弱いがスパチュラの総数は約10億！！
ヤモリの体重を支えるくらいは余裕だ
（指1本でも天井からぶら下がれる）

あくまで「弱い力」なのでちょっと足をズラせばかんたんに「解除」できてすばやく動けるのも大きなメリット

ヤモリの足の吸着力を医療・工業・清掃といった様々な領域で応用するための研究が進められている…！
（こうした技術を生物模倣とよぶ）
※日東電工の「ゲッコーテープ」など

ガラスのカベをのぼれるヤモリグローブの開発も進んでいるぞ！
すでに7mくらいはのぼれるらしい

イモリってスゴイんだニャ

ヤモリだっつってんでしょ

図解 アライグマ
洗わないしクマでもない

おもに北米に棲む哺乳類！タヌキとよく似ているが全くちがう種類の動物だ（もちろんクマでもない）

なぜかよくキャラクター化される

水に前足を浸ける独特の行動が「アライグマ（洗い熊）」の由来だが実際はエサを洗うワケではない！

野生のアライグマには水中を手さぐりしてエモノを探す習性があり…

アライグマ（アライグマ科） タヌキ（イヌ科）
英名 raccoon　raccoon dog

ウワーッ ザリガニ

この仕草がまるで「エサを洗っている」ように見えたことが誤解の原因とされる

Oh Yeah〜

柔軟な足首と鋭いツメを駆使して木を自由にのぼりおりできるぞ！

アライグマは哺乳類の中でもトップクラスに優れた鋭い「触覚」の持ち主だ！抜群の感度を誇る手（前足）でアライグマは世界を「見て」いるともいえるぞ

ふつうの5倍の触覚細胞をもつ

全然ちがうよ
←きびしいカリフラワー

日本では70年代から『あらいぐまラスカル』の影響もありアライグマの飼育数が激増＆野に放たれ野生化…！生態系をおびやかす外来種としてアライグマは今も大きな問題となっている

北海道では年に約2万6千匹のアライグマが捕獲されている…

アニメはアニメだからな
ドライぐま

つらい
つらいぐま

←2022年度

ゲットワイルド そして タフ

アメリカやカナダの大都市では
持ち前の器用さをタフに活かして
アライグマは大繁栄をとげている
アスファルト タイヤに気をつけながら
暗闇 走り抜ける 姿はまさに 都会(シティ)の狩人(ハンター)だ

チープなスリルに身をまかせるアライグマ

おもな食料は家庭や路上のゴミ箱に入っている残飯！
人間側もゴミを漁られないようロックなどで対策するのだが
試行錯誤を重ねた末にフタを開けてしまうアライグマもいる…！

NO RACCOON

ひとりでも解ける愛のパズル(ロックされたゴミ箱)を抱くアライグマ

ムシャムシャ
うまいぐま
うまい

もはや対策をあきらめて
アライグマを家に招き入れて
エサ(ひと)をあげてしまう
人もいるようだ…

うまいか
うまい

やさしさにあまえていたいぐま

人間がアライグマに対策を講じれば講じるほど
アライグマは学習能力を発揮して徐々に賢くたくましくなる…！
そんなゲットワイルド＆タフを
くりかえしていったあげく
いつしか人間にアライグマが
とってかわる日がくるかも
しれない…というウワサも
ささやかれているとかいないとか…

アライグマがせめてきたぞっ

みらいぐま

COLUMN 3　ばったり遭遇！身近ないきもの

ドブネズミ

人間には疎まれやすいネズミだが、
その生活は人間と同様、社会的で複雑だ。
仲間から受けた「親切」を忘れず、
「恩返し」をするという研究もある。
前に住んでいた家に現れた
小さなネズミを捕まえた後、
林に逃がしてあげたのだが、
いつか恩返しにくるのだろうか・・・。

アカテガニ

近所でよく見かける、お気に入りのカニ。
水の中よりも、陸地を好み、
木に登ることもできるようだ。
夏季の雨上がりには特に活発で、
住宅地に現れることもある。
真っ赤なハサミが美しく、
スマイルマーク（？）が
ある背中もかわいい。

タヌキ

タヌキの目撃報告が、住宅地でも増えている。
近所でも目撃情報はあったので、
いつか本物を見てみたい・・・と願っていたら、
ある夏の日の夕暮れにばったり遭遇した。
2頭連れでうろうろしていたので、
こっそり後をつけたら、
民家の庭に入っていった。
ふだんは静かな場所で暮らすが・・・
人間に化けているのかもしれない。

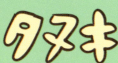

第 4 章

こわい（?）いきもの

図解 吠えろ夜空に オオカミ

世界最大のイヌ科にして あらゆる「犬」のご先祖様だ

Q あらゆるっていうのは柴犬もですか
A. はい

一般に「オオカミ」とは タイリクオオカミ（ハイイロオオカミ）のことだ たくさんの亜種がいるよ（絶滅したニホンオオカミなど）

鋭いキバとツメ バツグンの身体能力とスタミナをかねそなえた生粋のハンターだ

こわいね 子豚

6〜8匹ほどの「パック」とよばれる群れで狩りを行う!!

「パック」のオオカミにはオスとメスのカップルを頂点とした きびしい順位システムがあるぞ そこから外れると「一匹狼」になる

「一匹狼」のイメージとは裏腹に 声や仕草、遠吠えでコミュニケーションを欠かさない社会性の高い動物だ！

遠吠えはナワバリを主張したり仲間を探すための行動

人間とオオカミの歴史は長く複雑だ 文化史的に見ても色々な神話や伝説や物語に人間はオオカミを登場させてきた 邪悪な存在から畏敬の対象まで多岐にわたる

童話の悪役 | ローマ建国者の育ての親 | 狼男 | 神

だまれ小僧

しつもんコーナー！オオカミさんに きいてみよう

Q オオカミさんは なんで 柴犬になっちゃったんですか

A だまれ柴犬

オオカミは家畜を襲ったりすることもあり はるか昔から人間と対立してきた動物だ…
そんなオオカミがなぜ人間の最も身近なパートナーである「犬」へとダイナミックな進化をとげたのだろうか…？

仮説のひとつとしては **約3万年前の東アジアで** 初めて人類がオオカミの飼育に成功した…と言われる

しかしオオカミのような気性の荒い肉もマズイ エサも大量に消費するコスパの悪い動物を なんでまた昔の人が飼おうとしたかはナゾだ！
それでも世代を経るごとにオオカミが 人間に従順な「犬」に変化していくにつれて 犬(元オオカミ)は人の大切なパートナーになった

そんなもんじゃねーの
のちのニワトリ(凶暴)
のちのブタ(凶暴)

現在も野生のオオカミと人間は 友好的な関係にあるとはいえないが 子オオカミの頃から接していた人が 群れに快く受け入れられた例もある

やはり人間とオオカミの間には 特別な絆〜KIZUNA〜が 存在していたのかもしれない…

つまりぶたみたいなものってことか
だまれ子豚
すぐおこる

キュート・オア・モンスター？

クマほど両極端なイメージをもたれている動物は他にいないと言っても過言ではない…
「かわいいマスコット動物」の代表格でもある一方で
（特にヒグマは）恐るべき人喰い動物としてのイメージがいまだに強い！
現実に恐ろしい事故（三毛別事件など）も起こっているし仕方ない面もあるのだが…

しかしヒグマは決して血に飢えた殺人モンスターではなくむしろ（大抵は）穏やかで慎重な性格をした野生動物だ
日本で人がヒグマに襲われ死亡するような事故は年に1度あるかないかの極めて稀なケースだといえる

（参考：ハチによる死亡者 23人　川での死亡者 235人　2015年のデータ）

ヒグマのほうも人間のような得体の知れない二足歩行のキモイ生物とはあまり関わり合いになりたくないのだろう

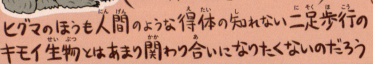

恐ろしさと奥深い魅力を併せもつヒグマ…
この不思議な動物と共存していくためにも
まずは遭遇しないように気をつけること
クマ撃退スプレーなどの準備を整えること
万が一バッタリ出くわしてしまってもパニックにならずに行動することが重要だ
そして何よりクマという生物を正しく知ろうとする姿勢こそが求められている

クマさんとの4つの約束
① なるべく集団で行動してね
② 鈴や手をならして音をたてて人間がいると知らせてね
③ 絶対にエサはあげないでね（人に近づく動機となるため）
④ ③はガチ

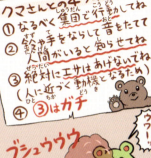

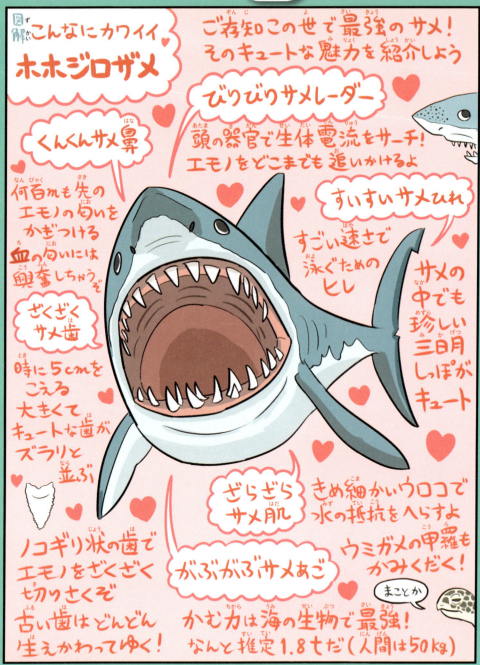

ホホジロザメはこわくない！（かも）

おそろしいイメージばかりが広まっているホホジロザメだが人間を好きこのんで襲うことはほとんどない！
サメによる死者数は世界で年間10人ほどだと言われる

殺してる数でいえばサメよりよっぽどヤバイ動物たち ※年間推定データ

- ゾウ 100人 ELEPHANT
- カバ 500人 HIPPO
- ワニ 1000人 CROCODILE
- 犬（狂犬病） 50000人 DOG

ヤバイ

数少ない被害の例として水面に浮かぶサーファーをエモノだと判断して襲ってしまうことがあるようだ…

ゴハンかな？

サメの目は（鼻に比べると）あんまりよくないので場合によっては人もアザラシもカメも同じように見えるのだろう

アザラシ
ウミガメ

似ても似つかぬ

歴史的名作映画『ジョーズ』が恐すぎたせいかホホジロザメは乱獲の対象となりその数をガクッとへらしてしまったようだ…
4億年の歴史をもつサメという美しく謎めいた生物について（こわがるだけでなく）しっかり理解を深めてゆく必要があるだろう…!!

JAWS

つくらなきゃよかった…マジで

スピルバーグ

ソンナニ

友人のEさん

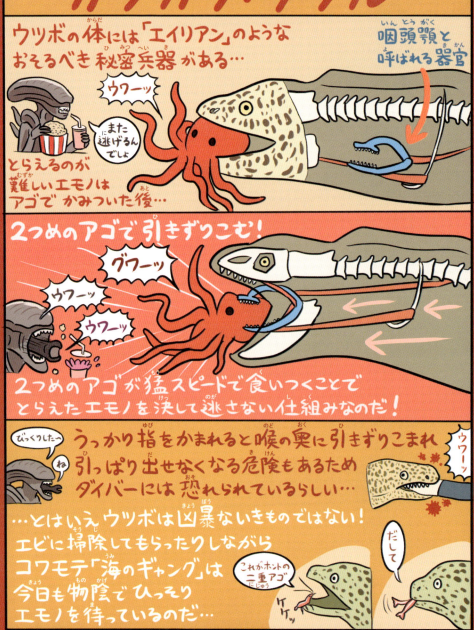

どくどくドラゴン

コモドオオトカゲは世界最大の有毒生物でもある！

コモドオオトカゲに かまれたエモノは 衰弱して死ぬことが多い → 口の中の細菌が 敗血症を引き起こすから …と長年 考えられていた → しかし実際は ちがっていた！

メゲない　ショゲない　逃がさない

コモドオオトカゲは かみつくと 血液の凝固を妨げる毒を エモノの体内に注入する!!
かみつかれた エモノは 血が止まらなくなる

下アゴにある 5つの毒腺から 毒が放出される

一度 かみつけば 仮に エモノが 逃げたとしても 遅かれ早かれ （失血死などで）絶命する その後 ゆっくり 食べれば いいのだ…

強力な毒液によってエモノを殺す恐るべき「毒の竜」…
だが 近年 その血液成分を参考に作った物質に 強い抗菌作用があると発表された！（感染症などに効く）

恐怖の対象であると同時に 恵みにもなりうるいきもの…
まさに「ドラゴン」の名にふさわしいのかもしれない…

メゲない ショゲない ケチらない

献血

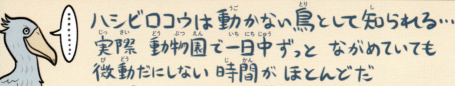

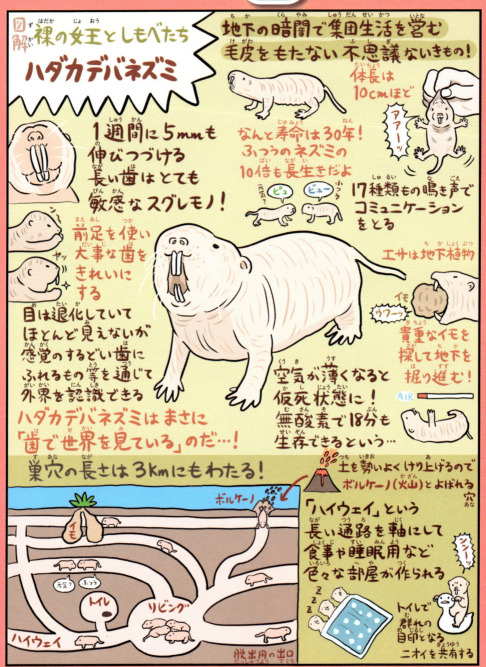

裸のゲーム・オブ・スローンズ

子を産める「女王」と繁殖できない個体が社会生活を送る（ハチやアリのような）いきものの特性を「真社会性」とよぶ

なんとハダカデバネズミは超レアな「真社会性の哺乳類」なのだ！

女王を頂点にしたピラミッド状のヒエラルキーのもと平均80匹（最大300匹）がコロニーを作っているぞ

女王は「玉座」を狙う他のメスたちを常に警戒する必要がある…

NO.2 ヌゥ〜ッ

王様は女王の座の争奪戦にまきこまれてよく殺される

DEATH

女王：子どもを産む
GOOD LOOKING

王様：女王に交尾を命じられる

兵隊：外敵から仲間を守る

ワーカー：いろいろな仕事をする
エサ探し係／工事係／育児係／肉ぶとん係（子どもたちのふとんになる）

兵隊はイザとなれば戦うがふだんはゴロゴロしている…
ゴロゴロ　シャーッ

怠けすぎて女王に怒られると「服従のポーズ」をとる
コラーッ　アァーッ　服従

巣にヘビが侵入したときは兵隊が犠牲になる
ウワーッ

生まれるとまずは全員ワーカーになる
最初は小さな木片を運ぶくらいしかできないが…
木片　ウワーッ
だんだんそれぞれの役割を見つけていくよ

2400万年も続いているとされるハダカデバネズミの地下王国…！
グワーッ
玉座を巡る争いや民衆のにぎやかな生活…
今日も様々なドラマが生まれていることだろう

新女王　ハダカリス！　ハダカデバドラゴン

4 おそろし、いとおし？ こわい(?)いきもの

海の「最恐王」の座は誰にも渡さない・・・！
「ジョーズ」でおなじみ、ホホジロザメも、
世界最大のサメ・ジンベエザメさえも
シャチは集団で襲い、むさぼり食う・・・！
体がひっくり返るとフリーズしてしまう、
サメの性質を利用するそうだ。
おばあさんやお母さんなど、メスのシャチが
群れのリーダー的な役割を果たすことも多い。

わずか体長5cmしかない
トウキョウトガリネズミは、
とても珍しい「毒をもつ哺乳類」だ。
獲物に噛みつき、有毒な唾液を注入！
体が小さく、
こまめな栄養補給が
不可欠なトガリネズミにとって、
麻痺した獲物は重要な「保存食」だ。

最近、人里におりてきたクマの
目撃報告が増えつつある。
クマの食べ物の不作が重なったことや、
気候・環境の変化が主な理由とされる。
警戒や対処は必要だが、クマも生態系にとって
大切な存在であることを忘れてはいけない。
森の健全さと、
いきものの多様さを守ることは、
クマを「こわい動物」にしないためにも、大切だ。

第 **5** 章

キュートな
いきもの

解説 レッサーパンダって結局なんなんだ問題

パンダ、ネコ、アライグマ、キツネ…
いろんな動物をごちゃまぜにしたような
ふしぎな動物レッサーパンダ

結局どの動物の仲間なのか 長く議論がされてきた

ファイニャ
ぶらうじんぐ

ラテン語名は Ailurus fulgens（炎色のネコ）
英語では Firefox（火狐）とも呼ばれる

じゃオレこっちだから
ほーい

おそらくアライグマの仲間に近縁だといわれるが…
レッサーパンダの祖先とアライグマの祖先は
約2600万年前に別の進化系統に分かれたとされる

「じゃあ、その名の通りパンダの仲間？」と思いきや…
いわゆる「パンダ」であるジャイアントパンダは
クマの仲間であり 関係はさらに遠い

「パンダ」とはネパール語の
nigalya ponya（竹を食うもの）
に由来するという

あたしんよ
竹

どちらも竹を好むので
両方パンダと呼ばれたのだろう…

ぱんぱん物語

パンダそもそもレッサーパンダ!?

「レッサーパンダ（小さい/劣ったパンダ）」という
微妙に失礼な呼び名が定着してはいるが、
実際にはジャイアントパンダが見つかるより
数十年も前に（1825年）発見され「パンダ」と命名

つまりはレッサーパンダこそが 本家にして唯一の「元祖パンダ」なのだ!
現在は「レッサーパンダ科（Ailurinae）」という独自の科に分類されている

ちゅっちゅっ

そんな個性あふれる「元祖パンダ」も
森林伐採などによる生息地の破壊、
毛皮やペット目的の密猟でピンチ…
野生での生息数はわずか
5000頭以下とされる
「唯一無二の動物」を守るため
人間たちも"立ち上がる"べき時だ。そう、レッサーパンダのごとく…

すくっ
STAND UP!!
こっちょ

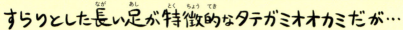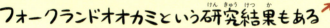

タテガミ・ウォッチング

ブラジルのサンチュアリオ・ド・カラサ修道院は
タテガミオオカミと深いつながりがある。

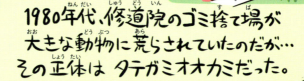
修道士は見た…

1980年代、修道院のゴミ捨て場が
大きな動物に荒らされていたのだが…
その正体は タテガミオオカミだった。

ゴミ漁りをやめてもらうため、
そして魅惑的な動物をよく観察するため、
修道士たちは肉の切れ端を野外に置いた。

この試みは伝統となり、生態系や動物の健康を
害さないように配慮しつつ、現在まで続いている。

タテガミオオカミを間近で観察できる
貴重な機会となり、希少な動物への
人々の理解を育んでいる。

ブラジルのお札の絵にもなった

森林破壊などが原因で
危機に陥っている
「美脚」のタテガミオオカミ。
より深く知るために
生息地に「脚をのばす」
ことも大切かもしれない。

ちなみに時々バクもくる
ばくばく

アフリカやアラビア半島をはじめ、発展途上国ではいまだ人や物の移動をロバに頼っている。今も4000万頭以上が使役されているようだ。

馬に比べて、ロバは貧しい人々や女性と深いつながりを築いた動物といえる。

ロバに関する研究が少ないのは、先進国の裕福なマジョリティによるロバへの軽視や偏見が影響しているという意見もある。

人類文明の初期から、人々の「重荷」を肩代わりしてきたロバ。「荷を引くけもの」の真の姿を、改めて知る必要がありそうだ。

第 6 章

ふしぎな
むし

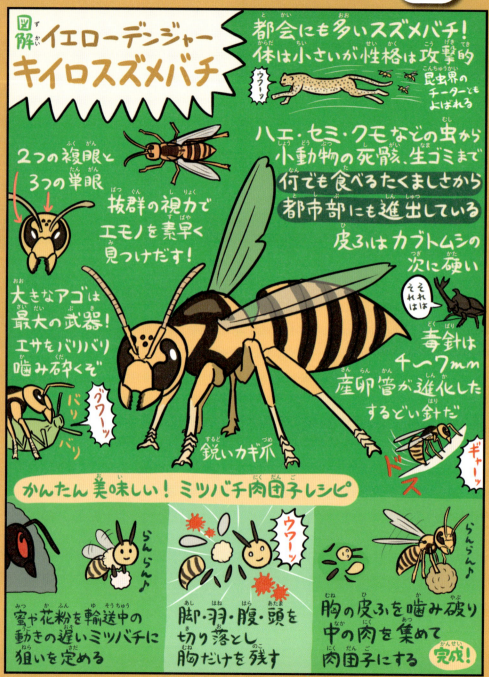

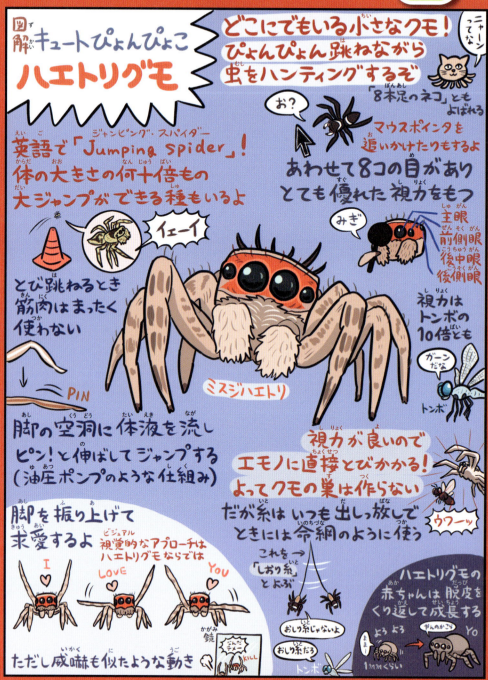

めざせハエトリマスター

ハエトリグモはクモの中でも最も種類が多くその総数は約7000種近く！日本にも100種類以上いるよ

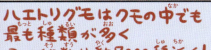

ネコハエトリ　カタオカハエトリ　(海外)
マスラオハエトリ　アリグモ　ピーコックスパイダー

まずは家の中を探してみよう…ほぼ確実にこの3種のどれかだ

おうちハエトリ御三家

「好きなハエトリを選ぶんじゃ」 ナゾの博士

アダンソンハエトリ — 世界一メジャーなハエトリグモ
ミスジハエトリ — オレンジのおでこがチャームポイント
チャスジハエトリ — 比較的大きい 西日本に多い

続いて近所の公園など緑が多い場所を探してみよう

見つけやすいおすすめポイントは手すり、石垣、草の生えた人工物など

こうした場所をよく探せば色も形も様々なハエトリグモに出会うことができるはずだ

ハエーッ　ハエトリモンスター
「あ！やせいのネコハエトリがとびだしてきた！」
ハエトリGO
ん？　カメラを向けると目線をくれることもあるよ

「きみに決めた」「ハエーッ」
ネコハエトリのたいあたり！

江戸時代には「鷹狩り」のようにハエトリグモに虫を獲らせる「座敷鷹」がブームに！現代にもハエトリグモ同士を戦わせる「ホンチ相撲」という遊びが残っている

「オラーッ」「なんだコラーッ」
板の上にのせて戦わせる

オススメ本

ハエトリグモハンドブック
『ハエトリグモハンドブック』好評発売中

昔から人間とのかかわりも深いキュートでミステリアスな隣人…いつもいつでも本気で生きてるハエトリグモたちと出会いにきみも冒険の旅に出よう！

「みんなもハエトリゲットだぜ」「ゲットするなよ」
ナゾの少年　正論ネズミ

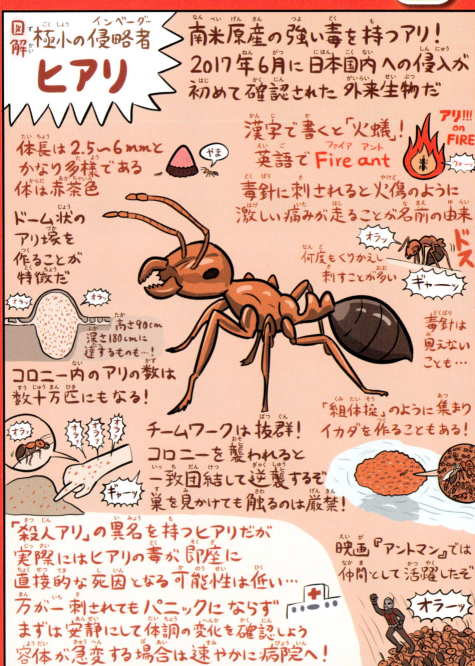

クマムシ・オブ・ギャラクシー

クマムシは周囲が乾燥するとタルのような形に変形し「クリプトビオシス」という仮死状態になる！

タル

 →  →

一切の代謝がストップして長期生存が可能になるぞ

クリプトビオシスとは「秘められた生命」という意味

昔はやった「シーモンキー」はアルテミアという甲殻類のクリプトビオシス状態

水を与えると復活！9年もたってからよみがえった例も

クリプトビオシス状態になったクマムシはなんと…

150℃の高温に耐える！

絶対零度に耐える！（マイナス273℃）

7万5000気圧の高圧に耐える！ 世界一深いマリアナ海溝の水圧が1000気圧

放射線に耐える！（人の致死量の千倍） 人類滅亡後の世界

こうした環境に対する信じがたいほどの「耐久力」こそがクマムシが「地球最強の生命体」と称される理由なのである！

クリプトビオシス状態のクマムシであれば超低温・無重力・無酸素の宇宙を旅していけるかもしれない…

現に宇宙空間に10日間さらされても復活した

たどりついた先の星にもし水とバクテリアがあれば復活して生きていける可能性もある（実際火星で生存可能という説も）

もっともクマムシのような宇宙生命体がすでに暮らしているかもしれないが…

宇宙クマムシ

あとがき

ウワーッ!!　今のは最初の著書『図解　なんかへんな生きもの』出版から約7年も経ってしまったことに気づいた人間（著者）の悲鳴です。「光陰矢の如し」、「時は人を待たず」、「カワセミ様はレンズを覗くともういない」…。時の流れの速さに警鐘を鳴らし、人生の儚さを嘆く言い回しは色々ありますね（3つめはオリジナル）。

…しかしよく考えると、「時が経ってしまった」ことをやたらと嘆く人間の態度は、他のいきものの目には「なんかへん」に映るかもしれません。35億年くらい前に地球に生命が誕生し、長い長〜い時間が経ったからこそ、いきものは圧倒的に多様な進化を遂げました。時が過ぎてゆくのは寂しいことでもありますが、素晴らしい何かを…たとえばそう、「ふしぎで奇妙ないきものたち」を私たちに巡り合わせてくれるのもまた、時の流れという大河なのです。

そんなわけで『図解　なんかへんな生きもの』が7年の時を経て生まれ変わった本書『図解　ふしぎで奇妙ないきものたち』を、お楽しみいただけたなら嬉しいです。この機会にちょっぴり描き変えた部分もありますが、時の流れが生んだささやかな変化ということで…。

時は止められず、何もかも変わりゆく。でもそれが私たち「いきもの」の、いちばん良いところなのかもしれません。

ぬまがさワタリ

参考資料

書籍

- 『新しい、美しいペンギン図鑑』(エクスナレッジ)テュイ・ド・ロイ、マーク・ジョーンズほか著
- 『愛しのオクトパス――海の賢者が誘う意識と生命の神秘の世界』(亜紀書房)サイ・モンゴメリー著
- 『うなぎ 一億年の謎を追う』(学研教育出版)塚本勝巳著
- 『ウナギ 大回遊の謎』(PHPサイエンス・ワールド新書)塚本勝巳著
- 『海のハンター展 公式図録』
- 『OCEAN LIFE 図鑑 海の生物』(東京書籍)スミソニアン協会・ロンドン自然史博物館監修
  (日本語版監修 遠藤秀紀・長谷川和範)
- 『学研LIVE図鑑 危険生物』(学研)今泉忠明監修
- 『学研LIVE図鑑 昆虫』(学研)岡島秀治監修
- 『学研LIVE図鑑 魚』(学研)本村浩之監修
- 『学研LIVE図鑑 動物』(学研)今泉忠明監修
- 『学研LIVE図鑑 鳥』(学研)小宮輝之監修・著
- 『クマのことはクマに訊け。 ヒトが変えた現代のクマ』(つり人社)岩井基樹著
- 『クマムシ!? 小さな怪物』(岩波科学ライブラリ)鈴木忠著
- 『クラゲのふしぎ(知りたい★サイエンス)』(技術評論社)久保田信・上野俊士郎著
- 『ゴリラ 第2版』(東京大学出版会)山極寿一著
- 『昆虫はすごい』(光文社新書)丸山宗利著
- 『昆虫はもっとすごい』(光文社新書)丸山宗利・養老孟司・中瀬悠太著
- 『資格でとらえるサイエンス生物図録 改訂版』(数研出版)数研出版編集部著
- 『深海展2017 公式図録』
- 『すごい動物学』(長岡書店)新宅広二著
- 『世界サメ図鑑』(ネコパブリッシング)スティーブ・パーカー著 中谷一宏監修
- 『世界の奇妙な生き物図鑑』(エクスナレッジ)サー・ピルキントン=スマイズ著
- 『タコの才能 いちばん賢い無脊椎動』(太田出版)キャサリン・ハーモン・カレッジ著
- 『地球博物学大図鑑』(東京書籍)スミソニアン協会監修
- 『鳥類のデザイン:骨格・筋肉が語る生態と進化』(みすず書房)カトリーナ・ファン・グラウ著
- 『ドキュメント 深海の超巨大イカを追え!』(光文社新書)NHKスペシャル深海プロジェクト取材班・坂元志歩著
- 『毒々生物の奇妙な進化』(文藝春秋)クリスティー・ウィルコックス著
- 『鳥たちの驚異的な感覚世界』(河出書房新社)ティム・バークヘッド著
- 『鳥ってすごい!』(ヤマケイ新書)樋口広芳著
- 『ナショナルジオグラフィック』2012年2月号「犬の遺伝子を科学する」(日経ナショナルジオグラフィック社)
- 『なぜテンプライソギンチャクなのか?』(晶文社)泉貴人著
- 『日経サイエンス』2009年5月号「コウモリの飛翔」(日本経済新聞出版社)
- 『ニワトリ 愛を独り占めにした鳥』(光文社新書)遠藤秀紀著
- 『ハエトリグモハンドブック』(文一総合出版)須黒達巳著
- 『ハダカデバネズミ 女王・兵隊・ふとん係』(岩波科学ライブラリ)吉田重人・岡ノ谷一夫著
- 『ぱっと見わけ観察を楽しむ野鳥図鑑』(ナツメ社)石田光史著・樋口広芳監修

- 『ハトはなぜ首を振って歩くのか』(岩波科学ライブラリ)藤田祐樹著
- 『フクロウ　その歴史・文化・生態』(白水社)デズモンド・モリス著
- 『ペンギンガイドブック』(阪急コミュニケーションズ)藤原幸一著
- 『ペンギンが教えてくれた物理のはなし』(河出書房新社)渡辺佑基著
- 『ペンギンのABC』(河出書房新社)ペンギン基金著
- 『ホッキョクグマ：生態と行動の完全ガイド』(東京大学出版会)アンドリュー・E・デロシェール著
- 『マヌルネコ』(竹書房)ネイチャー＆サイエンス編著　今泉忠明監修
- 『身近な鳥のすごい事典』(イースト新書Q)細川博昭著
- 『ヤモリの指 生きもののスゴい能力から生まれたテクノロジー』(早川書房)ピーター・フォーブズ著
- 『世にも美しいハエトリグモ』(ナツメ社)須黒達巳著
- 『世の中への扉　おどろきのスズメバチの話』(講談社)中村雅雄著

映像
- アフリカ(2013,BBC)
- アライグマの国 ～都市生活と"進化"～ (2011,カナダ)
- 皇帝ペンギン(2005、仏)
- サメ(2015,BBC)
- 潜入！スパイカメラ～ペンギン 極限の親子愛 (2013,BBC)
- 地球ドラマチック・選「意外と知らないハトの話」(2014,カナダ)
- デヴィッド・アッテンボローの自然の神秘(2013,BBC)
- ネイチャー(2014)
- プラネットアース(2006,BBC)
- フローズン・プラネット(2011,BBC)
- ライフ 生命という奇跡(2009, BBC)
- The Unnatural History of the Kakapo(2009)
- Kills With One Bite(2008,National Geographic)

ウェブ
- 「エイリアン」の「2つ目のあご」は実在した?!(AFP)
  http://www.afpbb.com/articles/-/2277762?pid=
- かわいい！イリナキウサギの超希少映像(ナショナルジオグラフィック)
  https://natgeo.nikkeibp.co.jp/atcl/news/18/061800266/
- ストップ・ザ・ヒアリ(環境省)
  https://warp.da.ndl.go.jp/info:ndljp/pid/11357922/www.env.go.jp/nature/intro/4document/files/r_fireant.pdf
- 生態解明へ命つながれ　サンシャイン水族館　国内最長76日展示のメンダコ(産経新聞)
  https://www.sankei.com/article/20220416-QDOY7EYGHRNGBEA5FUGI5VTCJ4/
- 世界最大のタカアシガニ　生まれたばかりはエビそっくり(産経新聞)
  https://www.sankei.com/article/20230409-WRK6R6MNBBKFNNCVW7D23II154/

- 絶滅危惧種イリナキウサギの守護者 新疆ウイグル自治区 (AFP)
  https://www.afpbb.com/articles/-/3352230
- 超絶かわいいナキウサギを撮影、20年ぶりの発見 (ナショナルジオグラフィック)
  https://natgeo.nikkeibp.co.jp/atcl/news/15/032300010/
- ナマケモノとガ、切っても切れない共生関係 研究で判明 (AFP)
  https://www.afpbb.com/articles/-/3007096
- 日本で発見 米粒サイズのタツノオトシゴは新種 (ナショナルジオグラフィック)
  https://natgeo.nikkeibp.co.jp/atcl/news/18/081700361/
- ヒアリに関するFAQ (JIUSSI)　https://sites.google.com/site/iussijapan/fireant
- 兵庫県尼崎市および神戸市で見つかったヒアリについて (兵庫県立 人と自然の博物館)
  http://www.hitohaku.jp/exhibition/planning/solenopsis2.html
- 伏兵アカマンボウの逆襲 (ナショナルジオグラフィック)
  http://natgeo.nikkeibp.co.jp/nng/article/20150204/434322/061200005/
- 文法を操るシジュウカラは初めて聞いた文章も正しく理解できる (京都大学)
  http://www.kyoto-u.ac.jp/ja/research/research_results/2017/170728_1.html
- 渡り鳥50種を23年追跡、「鳥たちの複雑な社会」が見えてきた (ナショナルジオグラフィック)
  https://natgeo.nikkeibp.co.jp/atcl/news/24/091200493/
- An inordinate fondness for bone-eating worms (MBARI)
  https://www.mbari.org/news/an-inordinate-fondness-for-bone-eating-worms/
- At Long Last, a Donkey Family Tree (The New York Times)
  https://www.nytimes.com/2023/03/14/science/donkeys-genetics-archaeology.html
- Behold:The Beauty of The Naked Mole Rat (CUTER THAN E.COLI)
  https://cuterthanecoli.wordpress.com/2012/03/08/behold-the-beauty-of-the-naked-mole-rat/
- Confirmed Megamouth Shark Sightings (FLORIDA MUSEUM)
  https://www.floridamuseum.ufl.edu/fish/discover/sharks/megamouths/reported-sightings
- Discovered in the deep: the worm that eats bones (The Guardian)
  https://www.theguardian.com/environment/2022/aug/22/discovered-in-the-deep-the-worm-that-eats-bones-osedax
- Family Ties: Barn Owl Chicks Let Their Hungry Siblings Eat First (Audubon)
  http://www.audubon.org/news/family-ties-barn-owl-chicks-let-their-hungry-siblings-eat-first
- How donkeys changed the course of human history (BBC)
  https://www.bbc.com/future/article/20230116-how-donkeys-changed-the-course-of-human-history
- New species of bone-eating worm discovered eating alligator carcass deep under Gulf of Mexico (CNN) https://edition.cnn.com/2020/01/15/asia/bone-eating-worm-alligator-intl-hnk-scli-scn/index.html
- The chicken that lived for 18 months without a head (BBC)
  http://www.bbc.com/news/magazine-34198390
- The donkey in human history: an archaeological perspective (Berkshire Archaeological Society)
  https://www.berksarch.co.uk/index.php/the-donkey-in-human-history-an-archaeological-perspective/
- Wild Ass Tamed, Buried with Egyptian King (LIVE SCIENCE)
  https://www.livescience.com/2366-wild-ass-tamed-buried-egyptian-king.html

絵・文　ぬまがさワタリ

素敵な生きものとカルチャーを愛するイラストレーター、作家。著書に『図解　なんかへんな生きもの』『ぬまがさワタリのいきものニュース図解』（ともに光文社）、『ゆかいないきもの㊙図鑑』『ゆかいないきもの超図鑑』（ともに西東社）、『絶滅どうぶつ図鑑』（パルコ）、『超図解　ふしぎな昆虫大研究』（KADOKAWA）などがある。

監修　中田兼介（なかた けんすけ）

京都女子大学教授、日本動物行動学会会長、日本蜘蛛学会会長。専門は動物（主にクモ）の行動学や生態学。目に見える現象を扱うことにこだわるローテク研究者。著書に『クモのイト』『もえる！いきもののりくつ』（ともにミシマ社）、『まちぶせるクモ』（共立出版）、「びっくり！おどろき！動物まるごと大図鑑」シリーズ（ミネルヴァ書房）などがある。

図解　ふしぎで奇妙ないきものたち
2025年3月30日　初版第1刷発行

著　者	ぬまがさワタリ
発行者	三宅貴久
発行所	株式会社 光文社

〒112-8011 東京都文京区音羽1-16-6
電話　編集部　03-5395-8172　書籍販売部　03-5395-8116
　　　制作部　03-5395-8125
メール　non@kobunsha.com

落丁本・乱丁本は制作部へご連絡くださればお取り替えいたします。

装　丁	坂川朱音（朱猫堂）
本文デザイン	坂川朱音（朱猫堂）
組　版	堀内印刷
印刷所	堀内印刷
製本所	ナショナル製本

Ⓡ＜日本複製権センター委託出版物＞
本書の無断複写複製（コピー）は著作権法上での例外を除き禁じられています。本書をコピーされる場合は、そのつど事前に、日本複製権センター（☎03-6809-1281、e-mail:jrrc_info@jrrc.or.jp）の許諾を得てください。
本書の電子化は私的使用に限り、著作権法上認められています。ただし代行業者等の第三者による電子データ化及び電子書籍化は、いかなる場合も認められておりません。

©Watari Numagasa 2025　Printed in Japan
ISBN978-4-334-10597-6